U0156839

# 小亮老师的博物课

## 无奇不有的昆虫世界

张辰亮 著 暮晓玲珑等 绘

天地出版社 | TIANDI PRESS

我是一名科普工作者，经常在微博上回答网友提的关于花鸟鱼虫的问题，很多人叫我"博物达人"。我得了这个称呼，自然就常有人问我："博物到底是什么呢？"

博物学是欧洲人在刚刚用现代科学视角看世界时产生的一门综合性的学问。当时的人们急切地想探知万物间的联系，于是收集标本、建立温室、绘制图谱、观察习性，这些都算博物学。博物学和自然关系密切，又简单易行，普通人也可以参与其中，所以曾经引发了欧洲的"博物热"。博物学为现代自然科学打下了根基。比如，达尔文就是一位博物学家，他通过对鸟兽的观察、研究，提出了"进化论"。"进化论"影响了人类数百年。

科学发展到现在，已经非常复杂高端，博物学在科学界也已经完成了历史使命，但博物学本身并没有消失。我们普通人往往觉得科学有点儿高端，和生活有点儿脱节。但博物学不一样，它关注的是我们生活中能见到、听到、感受到的事物，它是通俗的、有趣的，和自然直接接触的，这使它成为民众接触科学的最好途径。

博物学是孩子最好的自然老师。

我做了近十年的科普工作，现在也有了女儿，当她开始认识世界，对什么都好奇时，每次她问我"这是什么？"的时候，我就在想：她马上要听到她一生中这个问题的第一个答案！我应该怎么说，才能既保证准确、不糊弄孩子，也能让孩子听懂呢？

我不禁回想起当我还是一个孩子的时候，我的家长是怎样回答我的问题的。

在我小时候的一个冬天，我踩着雪去幼儿园，路上我问我妈："我们踩在雪上，为什么会发出嘎吱嘎吱的响声？"我妈说："因为雪里有好多钉子。"到了夏天，我又问我妈："打雷是怎么回事呢？"我妈告诉我："两片云彩撞一块儿了，咣咣的。"

这两个解释留给我的印象极深，哪怕后来学到了正确的、科学的解释，这两个答案还是在我的脑中挥之不去。

我想这说明了两件事。

第一，童年得到的知识，无论对错，给人留的印象最深。如果首次得到的是错误答案，以后就要花很大精力更正它。如果第一次得到的是正确的知识，并由此引发兴趣，能够探究、学习下去，将受益终生。所以让孩子接触到正确的知识很重要。

第二，这两个问题的答案实在太通俗、太有趣了，所以我一下就记住了。如果我妈当时跟我说了一堆公式，我肯定早就忘了，也不会对自然产生持续的兴趣。所以，将知识用合适的方式讲给孩子也很重要。

这些年我在微博上天天科普，回答网友的问题，知道大家对什么最感兴趣。我还多次去全国各地给孩子们做科普讲座，当面听到过无数孩子的提问，对孩子脑袋里的东西也有一定的了解。

我一直在整理我认为最贴近孩子生活、对孩子最有用的问题的资料。最近，我觉得可以把这些问题的答案分享给更多的孩子和家长了，于是我就在喜马拉雅上开了一门课程——《给孩子的博物启蒙课》。

这门课程一共分为六个主题模块，分别是花草树木、陆地动物、水生动物、鸟类、昆虫、身边自然，涵盖了植物、动物、进化、天文、地理、物理等方面的知识，选取的内容都是日常身边能见到，孩子们能感知的事物。这 60 期课程的主题也都是孩子们感兴趣的话题，想必里面的不少内容，孩子们都问过家长，如果家长不知道怎样回答孩子，就让他们听我讲吧！

我希望这门课程不但能使孩子们获得知识，而且能让他们用正确的态度对待自然。如果它还能让孩子对大自然和科学产生好奇，进而有更多独立的思考和探究，就更好了。

音频课播完后，我本来以为完成"任务"了，可很多家长和孩子都问："开不开第二季？"看来大家挺爱听！我在欣慰的同时又有点儿犯难：录制这套课程非常耗费时间和精力，我还没有下定决心开第二季。好在已录制的部分可以全部出成书，听完课没记住内容的话，可以翻翻书，书中配有大量图片，看书也更直观。看完这本书，希望你能被我带进博物学的大门，养成认真看书、独立思考、善于野外观察的好习惯，成为一名大自然的热爱者、研究者和保护者。

为什么蚊子会叮人？

夏天，大家最烦的应该是蚊子，蚊子总会让我们睡不踏实。我们被蚊子叮了之后，被叮的地方会起包，还特别痒，这一点是最令人讨厌的。我们挠蚊子包的时候，可能会想：蚊子为什么要叮人？

动物的分类系统，从大到小有界、门、纲、目、科、属、种等几个重要的分类等级。蚊子属于昆虫纲双翅目长角亚目。这里的"双"指的是它只有一对翅膀，其他很多昆虫都有两对翅膀，而蚊子的第二对翅膀变成了平衡棒，平衡棒像两个小棍子一样，用来保持平衡。蚊子只用一对翅膀飞行，所以属于双翅目。长角是指它的触角很长，比它的亲戚——苍蝇长很多。

世界上有几千种蚊子，不是每一种蚊子都叮人，叮人的蚊子只有三类：按蚊、伊蚊和库蚊。

## 怎样区分按蚊、伊蚊和库蚊呢？

这三类蚊子中最容易辨认的是按蚊。

按蚊

它落在墙上的时候屁股翘得特别高，而且叮人的母蚊子下颚须特别长。下颚须就是按蚊嘴上的两根须子，和它叮人的尖嘴差不多一样长。这样，从远处看上去，它的嘴就好像加粗了。所以你要是看到蚊子的嘴很粗，屁股还翘起来，那它就是按蚊。

伊蚊和库蚊在静止的时候，屁股都不会翘起来，它们的下颚须也都很短，所以显得嘴很细。那么伊蚊和库蚊怎样区分呢？

伊蚊

伊蚊的身体一般是黑色的，上面有白点，就是我们常说的"花蚊子"。

库蚊的身上包括腿部都没有斑点，浑身土黄色，是我们最常见的蚊子。

只有雌性的蚊子才吸血。因为雌性蚊子需要繁衍后代，它的卵巢要想顺利地发育成熟，就必须有血液作为营养补充。雄性蚊子不用繁衍后代，所以它们不吸血，只吸一些露水、花蜜。

库蚊

## 为什么被蚊子叮后会很痒？

蚊子叮人的时候，面临一个问题：人类的血液有一个本领，当人体有伤口出现，向外流血时，为了防止血液不停向外流，人类的血液就会启动自我凝结功能。伤口处的血会变硬，凝结成一个硬块，这样血就不会继续流了。

蚊子要穿透人的皮肤吸血，如果血液很快凝固了，它就吸不上血了。为了防止这种情况，蚊子会先用嘴往人体内注射一种抗凝血酶（一种防止血液凝结的物质），让血液在短时间内不会凝固，这样它就可以放心地吸血了。

这种抗凝血酶对人体来说是一种入侵者，人体发现之后，就会开始自我保护，进行抵抗。怎么抵抗呢？人体会释放一种叫组织胺的物质来对付这种抗凝血酶。组织胺变多后，我们就会感觉痒。

同时，人体还会分泌出很多组织液，这些组织液聚集在皮肤下边，就会让我们的皮肤鼓起小包。这些其实都是过敏的表现。

如果小朋友经历过过敏的话，会发现每一次过敏的时候，身体都可能会起包或发痒。我们被蚊子叮完后起包，其实也是一种过敏，只不过这种过敏的程度比较低，而且过一阵子那个包会消下去，所以我们一般不会意识到这也是过敏。

## 被蚊子叮了之后怎样才能不痒呢？

我们知道是大量分泌的组织胺让人体发痒，如果阻止组织胺分泌，我们就不会痒了。怎么阻止呢？我们可以使用一些抗组织胺的药物，将这类药抹在蚊子包上能起到缓解作用。

有的人被蚊子叮后会抹风油精或花露水，虽然刚抹上去的时候会觉得凉凉的，好像没有那么痒了，但并不能从根本上止痒。风油精和花露水里边含有酒精或其他清凉物质，如薄荷的提取物，这些物质会使人感到清凉。另外，酒精还有局部麻醉的作用，所以能让人暂时感觉不到痒，但是这些物质挥发之后还会继续感觉痒。所以，这些东西治标不治本。

## 什么样的人容易招蚊子呢？

大家有没有发现，我们身边总有几个人担任"活体蚊香"的角色？一屋子的人，只要有他在，蚊子就不叮别人，只叮他。

蚊子叮人确实是有偏好的，蚊子喜欢叮什么样的人呢？我们先来看看蚊子是通过什么方式找到人的。人的体温，呼出来的水蒸气、二氧化碳等，还有散发出来的体味，这些都可以帮助蚊子锁定人的位置。人在剧烈运动之后大量出汗，体温升高，大口喘气，这时散发的物质就会变多，会比不运动的时候更吸引蚊子。

其次新陈代谢比较快的人，比如小孩、孕妇或爱出汗的人，也更容易被蚊子叮咬。我曾经看到过一个妈妈抱着一个小宝宝，妈妈自己没事，小宝宝脑门上被蚊子叮得全是包。这是因为婴儿的新陈代谢快，比较容易吸引蚊子。

此外，在蚊子看来，穿深色衣服的人更显眼，所以穿深色衣服也会更吸引蚊子。

有一些女孩会说："我没有运动，也不爱流汗，怎么也招蚊子呢？"这就可能跟她们使用的化妆品有关。很多化妆品都含有硬脂酸，这是蚊子喜欢的一种化学物质。

你可能还听说过蚊子对某种血型的人有偏好，比如有人说蚊子喜欢 O 型血，有人说蚊子喜欢 B 型血。这个说法确实来源于几个科学实验，但是，近几年其他科学家认为，这几个实验没有排除一些干扰因素，所以结论不太可靠。当时做实验的时候，科学家找来了一群 O 型血的人，放蚊子去叮他们，然后又找来一群 B 型血的人，放蚊子去叮他们，结果 O 型血的人被叮的比较多，这些科学家就认为 O 型血的人更招蚊子。这些实验没有排除人的呼吸、出汗等因素对蚊子的影响。也许 O 型血的这群人里就有一些人容易出汗，蚊子爱叮他并不是因为他是 O 型血。所以，这些实验并不严谨。目前还没有充足的证据证明蚊子对血型有偏好。

# 我的自然观察笔记

　　小朋友，抓到蚊子可以将它扣在透明的玻璃杯下，仔细观察，按照书中介绍的方法看看它是哪种蚊子。

　　观察结束后，请在下方空白处将观察内容记录下来吧！

--------------------------------------------------
--------------------------------------------------
--------------------------------------------------
--------------------------------------------------
--------------------------------------------------
--------------------------------------------------
--------------------------------------------------
--------------------------------------------------
--------------------------------------------------
--------------------------------------------------
--------------------------------------------------
--------------------------------------------------

# 蝉靠腹部还是背部发声？

无奇不有的昆虫世界

如果让你闭上眼睛，想象一个关于夏天的场景，你会想到什么呢？

很多小朋友会想到蝉在窗外的树上鸣叫的场景。没错，夏天的一个标志性的声音就是蝉的叫声。有的人不喜欢蝉鸣，认为太吵了，可我觉得没有蝉鸣的夏天好像缺少灵魂。如果你单独抓一只蝉，它的叫声很难听，但是很多只蝉在树上一起叫，它们合唱的声音反而令人心情放松。

## 蝉能听到声音吗？

昆虫学家法布尔曾经做过一个著名的关于蝉鸣的实验。他想测试一下，天天叫的蝉到底能不能听到自己或同类的声音。于是，他找到一棵树，树上有好多只蝉在叫。他在这棵树下放了一个放礼炮用的小钢炮，然后把炮点燃。"嘣！"炮的响声比蝉的叫声还大，可树上的蝉一点儿反应都没有，依然大声地叫着。于是，法布尔认为蝉没有耳朵，听不到声音。

但是，后来的科学家发现，蝉有听觉器官，可以听到声音。

柳叶鸣蝉

它对炮声没有反应是因为炮声不在它感兴趣的声音范围内，就算它听到了，也不会有反应。蝉只对同类的叫声或者天敌接近它的声音敏感。

蝉肯定能听见声音，否则它那样叫是为了什么呢？而且只有雄性的蝉才会叫，它们发出声音主要是为了吸引异性。雄性蝉在树上一叫，雌性蝉听到之后就会飞过去。除此之外，蝉也会发出一些别的叫声。如果你抓过蝉，就会知道抓到蝉的一瞬间，蝉通常会发出很短促的叫声，和它平时在树上叫的声音不一样。这是它受惊之后发出的一种声音。

## 蝉通常在什么时间点叫？

在我们的印象里，蝉经常在太阳暴晒的午后时分叫。可是，夏天的夜晚，我们快睡觉的时候，树上还有蝉在叫；或者是早晨太阳还没有出来，蝉就已经开始叫了。这是为什么呢？

这是因为蝉不止一种，不同种类的蝉鸣叫的时间也不一样。有的蝉喜欢大白天叫，有的蝉喜欢傍晚叫，有的蝉喜欢凌晨叫。那些在凌晨或傍晚叫的蝉，就是一些独特的种类。比如一种叫蟪蛄（huì gū）的蝉，它就喜欢在天黑以后叫。

蟪蛄是北京每年最早爬出地面的蝉。在北京，每年人们听到的第一声蝉鸣，一定是蟪蛄叫出来的，其他的蝉在它之后才会陆续爬出地面，变成蝉，然后开始鸣叫。

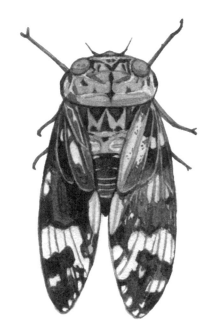

北京的蟪蛄

## 蝉用什么鸣叫呢？

我们抓一只雄性蝉，仔细观察它的肚子，会发现那里长了两个圆圆的、薄薄的小片；把这两个小片掀开之后，里边有两片透明的膜。很多人都以为蝉就是用这两片膜来发声的，甚至有一些老师讲课的时候，也会说这两片膜就是蝉的发声器官。

真的是这样吗？我小时候看过一本科普杂志，上面刊登了一篇小学生的来信，说他们做了一个实验，他们把蝉肚子上的两个小薄片剪掉之后，发现蝉还是会叫。这就说明那两个小片，并不是蝉的发声器官。后来，他们又把小片里边的那层透明的薄膜捅破，发现蝉还是会叫。这说明薄膜也不是蝉的发声器官。最后，他们不知道该破坏什么地方了，就把蝉的整个腹部剪掉，这个时候蝉终于不叫了。所以，他们认为蝉的发声器官既不是那两个小片，也不是那两片薄膜，而是腹部的某个部位。但最后他们也没弄明白，蝉到底是如何发声的。

　　现在我来告诉你。我们先看蝉的背部，在它翅膀根的地方有两条缝，把这两条缝掰大一点儿，能看到里边有一道道褶儿，就像鱼鳃一样，这个东西叫鼓膜，这才是蝉真正的发声器官。蝉的鼓膜上面连着两条非常强壮的肌肉——发音肌。蝉鸣叫的时候，这两条肌肉拉动鼓膜，鼓膜形状发生改变，就发出声音了。

这类似于弯折铁片时发生的情况：我们拿一个铁片，把铁片来回弯折，铁片的形状一变化，就会发出那种咣当咣当的声音。蝉鸣叫的原理和铁片发声的原理差不多。

蝉腹部的两片小薄膜是什么呢？它的学名是镜膜，因为它跟镜子一样光滑。蝉叫声的大小是通过镜膜调节的。镜膜外面的两个小片则是保护镜膜的。如果你把镜膜破坏了，蝉也能发声，只不过它就没有办法调节音量的大小了。所以大家记住：蝉是用它后背的两片鼓膜发声的，不是用腹部的镜膜发声的。

如果你捏一捏蝉的肚子，尤其是雄性蝉的肚子，会发现它的肚子很容易被捏瘪，你松手后，又会鼓起来。有一些特殊种类的蝉，在太阳底下看它的肚子，会发现它的肚子是透明的。这说明蝉的肚子里边是空的，全是空气，这样的构造能让蝉的声音更大。蝉体内的这个空间，我们称为共鸣室。

古人曾经一度流行把蝉当宠物养在笼子里，就为了听蝉叫。但是现在几乎没有人这么做了。为什么呢？

第一，一只蝉的叫声其实是很难听的，不如许多蝉在树林里一起叫的声音好听。

第二，蝉不太好养，你喂它什么，它都不愿意吃。因为蝉是用针状的口器插到树干、树枝里吸取树的汁液里的营养来生存的，人工养殖很难满足它的生存条件。

第三，夏天到处可以听到蝉鸣，确实没有必要单独养一只蝉。

所以，慢慢地，人们就不养蝉，改养蛐蛐、蝈蝈之类的小宠物了。

# 我的自然观察笔记

小朋友，你知道蝉会蜕皮吗？夏天到公园玩时，不妨去蝉鸣最集中的树下仔细寻找，幸运的话在树干上或者草丛中能发现蝉的空壳哦！

如果找到蝉壳，请在下方空白处将它画出来吧！

# 臭屁虫是怎么放屁的？

无奇不有的昆虫世界

听到臭屁虫的名字，你首先想到的是一个什么样的虫子呢？如果把大家脑海中的样子统计一下，我们会看到一个结果，就是放屁虫有两种形象，一种是扁扁的、身上没有甲壳的虫子，还有一种是甲壳虫。

## 没有甲壳的"臭屁虫"是什么样的呢？

这样的虫子身体比较扁，形状有点儿像盾牌，后背上有两个翅膀交叉形成的X形花纹。这一类虫子经常被人称为放屁虫，也有人叫它臭屁虫。这种虫子放的屁我们根本听不到，但我们摸完它再闻自己的手，就会发现非常难闻。

这一类虫子属于昆虫家族里的半翅目。这种虫子的每个前翅有一半是透明的，像膜一样，另一半不透明，质感像皮革，革质和膜质的分界线非常清晰。这种翅膀一半是革质，另一半是膜质的昆虫，就是半翅目昆虫。半翅目昆虫翅膀上的革质与膜质的分界线在后背上就形成了一个X形，这也是半翅目昆虫最重要的一个特点。

我们用一个简单的名字——"蝽"来称呼半翅目家族。所有的半翅目都可以叫它们××蝽。

蝽

蝽还有一个共同特点——有臭腺。只要有人招惹它，它就会从臭腺里分泌臭液，我们就能闻到臭味了。

## 蝽的臭腺在哪里?

蝽小的时候，臭腺在它的后背上，等蝽成年以后，臭腺往往会跑到它的肚子上。在肚皮和胸部交界处有几个非常小的孔，这是臭腺的开口，臭液就是从这里分泌的。

我读研究生的时候，研究的就是蝽类，所以我也闻过很多蝽放的屁。其实我个人感觉这些屁并不臭，不是人放屁的那种臭味，而是一种独特的气味，有点儿像青草的味道。当青草味特别浓时，闻起来就会很奇怪。

不同的蝽的臭液味道也不一样。

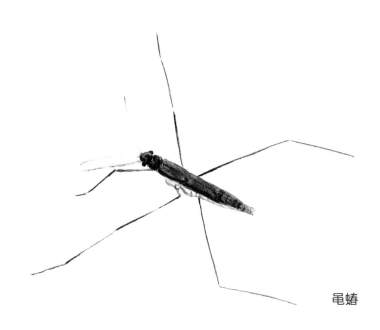

有一类土蝽经常在地上爬来爬去，它们的气味就像青苹果。

还有一类蝽有长长的四条腿，能够在水面上跑来跑去，不会沉下去。这种虫子叫黾蝽。黾蝽在民间有一个俗名叫"卖油卖酱的"，据说就是因为它放的臭液有一种酱油或者香油的味道。我闻过黾蝽，确实有酱香，小朋友可以亲自抓一只闻一闻它的臭液的味道。

黾蝽

还有一种蝽俗名叫田鳖，它平时生活在水里，经常在水稻田里出现。它也有臭味，可是东南亚人或者我国广东、广西等一些地方的人会把它做熟了吃。据说，这些地方的人们认为田鳖有一种独特的香味，其实这个香味也来源于它分泌的臭液。爱吃它的人觉得味道很香，但是不爱吃它的人会觉得味道很怪。

南方的荔枝或龙眼树上还有一种蝽——荔枝蝽。这种蝽非常大，外壳非常硬，臭液非常臭，不但人闻了它的臭液会受不了，植物的嫩

荔枝蝽

芽沾上它的臭液也会枯萎。可以想象它的臭液威力有多大。

## 有甲壳的“臭屁虫”又是什么样的呢？

鲁迅先生的《从百草园到三味书屋》这篇文章中有一段文字，提到他小时候曾经见过一种叫斑蝥（máo）的动物，它是一种甲壳虫，用手按住它的后背，它就会啪的一声从屁股喷出一股烟雾。它放的屁既能被我们听到，又能被我们看到，这跟蝽就不一样了。

这样的虫子叫作屁步甲——放屁的步甲，或者叫气步甲——能放出气体的步甲。步甲是一个很大的家族，是鞘翅目下面的一个科。鞘翅目昆虫的第一对翅膀都很硬，像刀鞘、剑鞘一样，所以我们称这一对硬翅膀为鞘翅。鞘翅可以保护步甲的后翅和腹部。

所有的甲虫，像瓢虫、金龟子、屎壳郎等，它们全都属于鞘翅目。只要甲虫后背有翅膀形成硬壳，那它就属于鞘翅目。屁步甲或气步甲是鞘翅目下面的步甲科的成员。

我曾经多次碰到屁步甲，我看到它后，也想学鲁迅先生那样，用手按住它的后背，看看它会不会喷出屁来。我以为

屁步甲

按住它的后背，它的屁只会往后喷，不会喷到我手上。可是我没想到它的屁股尖可以转动，从甲壳下边翻出来之后，就像蝎子的尾巴那样朝前，紧接着，它冲着我的手指就开始放屁，而且还不是放一次，而是像机关枪那样"嗒嗒嗒嗒"的快速放出很多屁。屁落在我的手上，瞬间传来滚烫的感觉，很疼，所以我赶紧松开了手，屁步甲就趁机逃跑了。

我看看自己的手指，发现屁步甲的屁其实是很多细小的液滴，像我们用喷壶喷的雾一样。这些小液滴碰到我的皮肤，

无奇不有的昆虫世界

把我的皮肤烧成了黄色，过了好几天黄色才消退。这种屁步甲非常厉害，因为它的屁股尖能够360°转动，这样，不管天敌从什么方向攻击它，它都能把屁准确地喷到天敌的身上。

为什么屁步甲的屁是烫的？它不会烫到自己吗？科学家研究发现屁步甲体内有两个小空间，一个是储存室，一个是反应室。储存室里存着两种化学物质，它们在储存室里互不干扰。屁步甲打算放屁的时候，就把这些东西排入反应室里。反应室里有两种酶，这两种酶一旦遇到储存室里的那两种物质，就会发生剧烈的化学反应，产生大量的热和气体，然后屁步甲马上将它们喷射出去。因为这个反应发生在屁步甲身体的最末端，而且马上就被排出去了，所以屁步甲不会被烫伤。

屁步甲放屁时像机关枪似的连续发射，每发射一下就有一个非常短暂的间歇，其实这是一个短促的冷却过程，这样它的身体就不会一直被滚烫的屁刺激。

大家如果在野外碰到了屁步甲，可以试试让它放个屁。

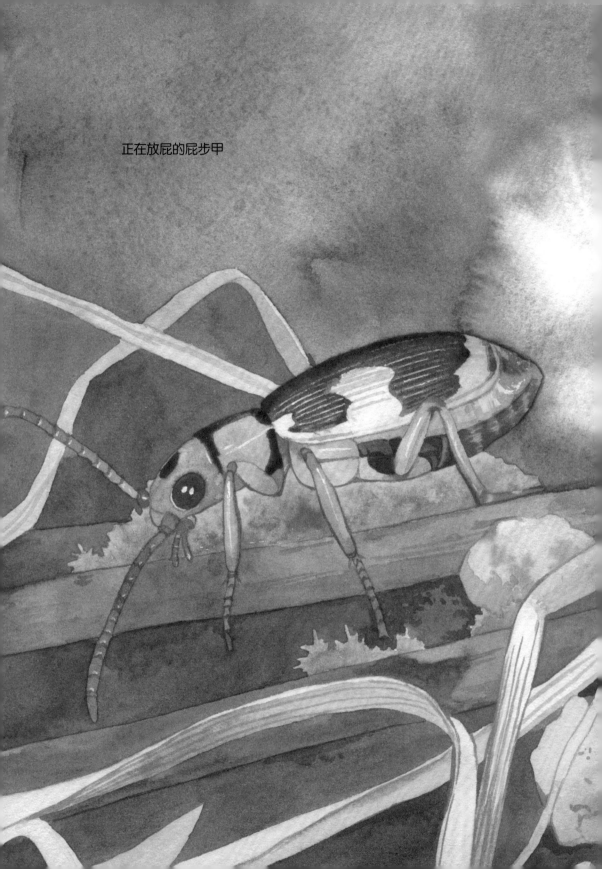

正在放屁的屁步甲

但是你不要像我那样用手去按它的身体，可以用一根小木棍轻轻地按住它，观察它是怎么放屁的。

# 我的自然观察笔记

　　小朋友，如果在野外碰到了屁步甲，可以用一根小木棍轻轻按住它的身体，仔细观察一下它是怎么放屁的，闻一闻是不是真的很臭。（记住不要伤害它哟！）

　　观察完毕后，请在下方空白处将观察内容记录下来吧！

-------------------------------------------------

-------------------------------------------------

-------------------------------------------------

-------------------------------------------------

-------------------------------------------------

-------------------------------------------------

-------------------------------------------------

-------------------------------------------------

-------------------------------------------------

-------------------------------------------------

-------------------------------------------------

-------------------------------------------------

# 我们能和昆虫玩游戏吗？

很多小朋友都特别喜欢昆虫。有的小朋友说：我不喜欢昆虫，蟑螂就是昆虫，蟑螂多可怕呀！但是，你有没有觉得蝴蝶很美丽？有没有跟小朋友一起抓过蚂蚱、蜻蜓？如果有的话，说明你其实对昆虫还是感兴趣的。

　　昆虫是人类最容易接触到的野生动物。一提到野生动物，我们就会想到非洲大草原上的大象、犀牛、狮子和猎豹等动物，其实昆虫也是野生动物，只不过它很小而已。

　　我们生活中很难遇到大象、犀牛、狮子和猎豹等大型动物，但很容易遇到昆虫，而且我们还能方便地跟它们做很多游戏和小实验。如果你喜欢动物的话，昆虫是一个非常好的入门方向，通过观察昆虫，你一定会获得很多乐趣。

　　下面我介绍几种可以跟昆虫一起玩的游戏，有我小时候玩过的，还有一些其他地方的小朋友玩过的。

　　第一个是我小时候玩过的"招干儿"，这是北京话特有的词，专门指一种抓蜻蜓的游戏。

　　大家都知道怎么抓蜻蜓，用一个网兜就可以了。我们抓

到的蜻蜓通常是黄色的，在昆虫学上叫作"黄蜻"。黄蜻是

中国最常见的一种蜻蜓，很容易抓，

有的时候它落在树枝上，我们直接

用手都能捏到。我们说的"招干儿"，

抓的是一种特别漂亮、特别大，而

且又比较少见的蜻蜓，昆虫学上叫

"碧伟蜓"，北京话里叫"老干儿"。

**黄蜻**

我们小时候总希望能够抓到一只老干儿，因为它又漂亮又威猛，而且还比较少见。但是老干儿很难被抓到，它非常机警，飞行技术比黄蜻好很多，怎么办呢？孩子们发明了一种叫"招干儿"的方法。

要想"招干儿"，得先抓到一只雌性的碧伟蜓，也就是老子儿。什么时候去抓老子儿呢？傍晚的时候。因为傍晚的时候蚊子出来活动了，老子儿就会出来抓蚊子，蚊子本身飞得不高，所以老子儿这个时候飞得也不高。

如果你眼神够好的话，很容易就可以抓到老子儿，然后

碧伟蜓

把老子儿放在家里，等天亮之后，你再把它拿出去。拿出去之前用线将它系住，线的另一端拴在一根竹竿上，然后带着老子儿去经常有老干儿出没的水边。老干儿通常会沿着水边飞来飞去找老子儿，与老子儿交配。

这个时候，你要一手拿着竹竿，另一只手拿一个抓蜻蜓的网兜，等老干儿过来。

北京小孩儿还会唱一首歌谣："老干儿几朵，蝴蝶帮帮！"意思是他希望能够招来几朵老干儿（老北京人对老干儿的称呼不论只，而论朵）。

唱着歌谣，等一会儿，老干儿就会飞过来，围着老子儿来回地飞。当它的注意力全集中在老子儿身上的时候，你用网兜一兜，就抓住老干儿了。抓住老干儿，你仔细观察、欣赏之后就可以放生了，因为你很难养活它。蜻蜓需要不停地飞，捕食飞行中的猎物。我们把它放在家里养，它很难存活。

第二个游戏就是"蝴蝶帮帮"。你猜刚才我上面提到的"蝴蝶帮帮"是什么意思？其实就是用类似的方法招来一群蝴蝶。玩这个游戏还是要用一根绳子，这回拴的就不是老子儿了，而是一张白纸片。把这张白纸片剪成一个蝴蝶大小的方形，然后中间对折一下，让它看上去就像一只张开翅膀的白色小蝴蝶。不太像也没关系，只要差不多就行。

然后你需要找一片种有十字花科蔬菜的菜地。哪些菜属于十字花科呢？油菜、包菜（包菜在北方叫洋白菜或者圆白菜）和花菜（即花椰菜，也叫菜花）等都是十字花科蔬菜。

到了菜地，你会发现那里有很多菜粉蝶。菜粉蝶的幼虫吃十字花科蔬菜的菜叶，所以菜粉蝶就经常在这些菜地里活

菜粉蝶

动。到了菜地以后，你把拴着白纸片的线的另一端系在一根小木棍上，然后来回挥舞木棍。这样小纸片就会迎风飘动，上下翻飞，就像一只菜粉蝶一样。

菜地里有很多雄性的菜粉蝶在寻找异性，当它们看到小纸片上下翻飞，误以为小纸片是一只雌性的菜粉蝶，就会被吸引过来，围着小纸片飞。你一边挥舞小木棍，一边在菜地里走，就会有越来越多的菜粉蝶加入进来。到最后，你可能会招来几十只菜粉蝶，非常壮观！

如果你家住在离菜地不远的地方，你还可以挥着小木棍往家跑，菜粉蝶会一直跟着你回家。到家以后迅速进屋，这些菜粉蝶会被带进屋里，然后赶紧关上门，屋里头就有很多菜粉蝶飞来飞去，非常好玩儿。

第三个游戏是外国朋友和昆虫玩的游戏。法国南部的姑娘喜欢用七星瓢虫来预测自己的姻缘。瓢虫有一个特别的习性，就是喜欢往最高的地方爬，爬到顶端的时候，就会张开翅膀飞走。如果你把它放在手上，它就会向指尖的方向爬。

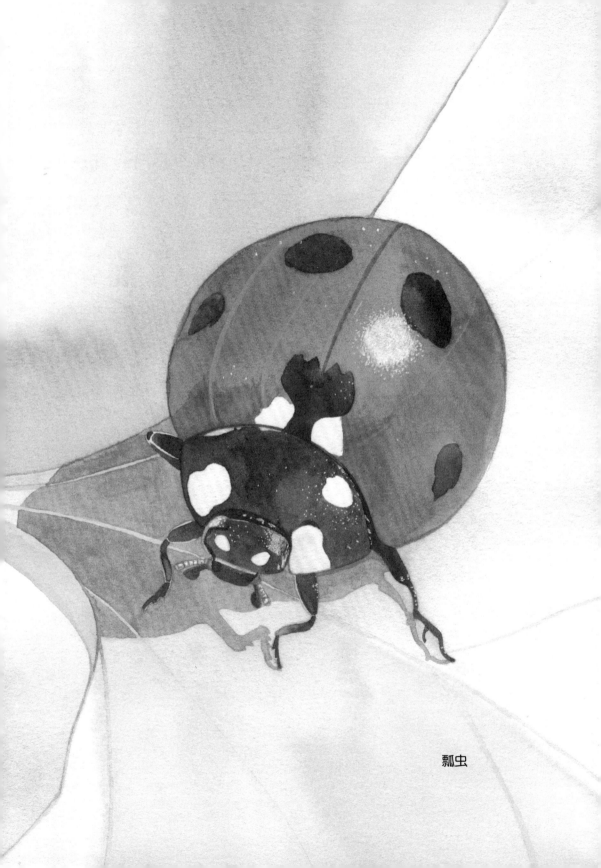

瓢虫

法国的姑娘会把瓢虫放在手上，然后立起手指，看瓢虫爬到手指尖之后飞往哪个方向。如果飞到了她喜欢的小伙子身上，她就会很高兴。

　　你也可以试一试，抓一只瓢虫，放在手背上，看看它是不是真的会一直往高处爬。你立起手指，它会往你的手指尖上爬，它快要爬到手指尖的时候，你把手指调转一下，指尖向下，它又会马上扭头往反方向爬。你来回地这样逗它，它也不觉得累，还是拼命往最高处爬！最后，你让它爬到最高处，这时它会踮起脚尖，转几圈，观察一下风向，然后张开翅膀飞走，非常好玩儿。

# 我的自然观察笔记

　　小朋友，你知道吗？瓢虫一般在春、夏、秋三季活动，除了常见的七星瓢虫，还有二星瓢虫、六星瓢虫、十二星瓢虫、十三星瓢虫等，这是按照其背上斑点的数量进行分类的。如果你参加野外活动见到瓢虫，请仔细观察它的斑点数量，看看它属于哪一种。

　　观察完毕后，请在下方空白处将观察到的瓢虫画出来吧！

# 昆虫竟然可以变僵尸？

无奇不有的昆虫世界

我们来说一个吓人的话题——僵尸。很多国家都喜欢拍僵尸题材的影视剧。影视剧里的僵尸是人死之后又复活，但是复活的"人"没有感情，只会走来走去，碰到人就咬。其实人类世界是没有僵尸的，这是人们想象出来的。可是在动物界是有僵尸存在的。你相信吗？

动物界的"僵尸"往往是被其他动物寄生、控制，失去了自主行动的能力，就和影视剧里的僵尸一样。

## 动物界有哪些僵尸？

小动物里边最著名的僵尸是冬虫夏草。关于冬虫夏草，后面有专门的介绍，这里暂不赘述。

第二种动物僵尸特别神奇。水里有一种寄生虫——吸虫，它寄生在一种螺的体内，在螺的体内生出幼仔，它的幼仔叫尾蚴（yòu）。尾蚴在水

吸虫

里游，看到鳉（jiāng）鱼时，就从鳉鱼的鱼鳃钻进鳉鱼的身体，然后再一路钻到鳉鱼的大脑里。

在吸虫的作用下，鳉鱼身体的侧面会闪闪发亮。吸虫还会控制鳉鱼，让鳉鱼在水里游的时候把发亮的部位朝上。鱼在正常游的时候，天上的鸟看不见它的肚子，而当它把肚子翻过来冲着天，鸟一下子就能看到闪闪发亮的鱼肚子，然后就会冲下来把鱼吃掉。吸虫让鳉鱼翻转肚子，就是为了被鸟看到，然后被鸟吃掉。鱼被鸟吃掉之后，吸虫也就跟着进到鸟的体内。

吸虫的一辈子就是这样生活的。它先进入螺的体内，然后进入鳉鱼的大脑里，最后进入鸟的体内。那么你猜猜：被鸟吃掉的吸虫会怎么样呢？吸虫进入鸟的体内继续发育，不久之后，它会被鸟拉出来，随着鸟粪再次落到水里，继续感染螺类，开始新的轮回。

第三种动物僵尸更可怕。有一种寄生虫能使它的寄主的脑袋掉下来。这种寄生虫是一种小苍蝇——蚤蝇。它先把卵产在红火蚁体内，幼虫孵化之后就钻到红火蚁的脑袋里，红火蚁的脑袋一旦被幼虫控制，就会像丢了魂儿一样，从蚁窝里出来，在外面漫无目的地四处爬。这段时间里，蚤蝇的幼虫一点点地吃掉红火蚁脑袋里的东西，最后红火蚁的脑袋就会从身子上掉下来。这个时候，蚤蝇的幼虫也在红火蚁的脑袋

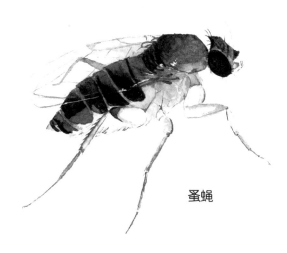

蚤蝇

里变成了成虫，它就从红火蚁脑袋里爬出来飞走了。

对于红火蚁来说，蚤蝇是非常可怕的，但蚤蝇对人类有一定好处。红火蚁是入侵物种，我国广东一带就被红火蚁入侵了，人被红火蚁咬了之后非常疼，而且它也会挤占其他蚂蚁的生存空间，甚至还会聚成一大团过河，连河水都冲不散它们。

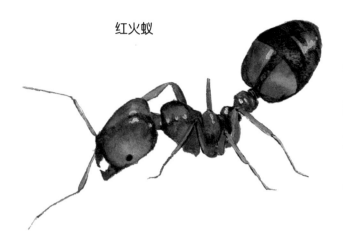

红火蚁

现在，美国科学家正在评估：大规模释放蚤蝇，是不是能够有效治理入侵的红火蚁。但目前还不敢轻易这样做，因为大家担心蚤蝇太多可能会把土生土长的蚂蚁也一起消灭了。

## 什么动物会"拍花子"？

你们可能听到过这样一个说法：有一种"拍花子"的坏人用一块包着药粉的手帕在小孩的面前一抖，小孩一吸入药粉，就会任凭他们摆布，跟着他们走。其实，这个从清朝就有的传说，并不是真的，可是在昆虫界真有这样的事情！

有一种蜜蜂叫蠊泥蜂，也叫扁头泥蜂。它会把蟑螂蜇晕，然后运回自己的窝里，并在蟑螂身上产卵。卵孵化出来以后，小幼虫就吃这个蟑螂生存。蟑泥蜂蜇的是大型的蟑螂，如果自己拖回窝里会特别累，所以它用了一个非常巧妙的方法。什么方法呢？它见到蟑螂之后，先扑上去蜇蟑螂身体的中间，这样可以让蟑螂暂时失去力气，趁这个时候，它第二针会蜇蟑螂的脑袋，这一针就让蟑螂变成了僵尸。蟑螂失去了意识，忘记了逃跑，但还是可以正常行走。

这时候，只要蟑泥蜂咬住蟑螂的触角，蟑螂就会顺从地跟着它一起走，最后到达蟑泥蜂的窝里，蟑泥蜂在蟑螂身上

蟑泥蜂驱赶蟑螂

产下卵之后就走了。蟑螂趴在窝里，也死不了，就等着蠊泥蜂的幼虫一点点把自己吃光。

## 螳螂是怎样变成僵尸的？

动物界还有一个著名的僵尸——螳螂。螳螂是很有灵气的昆虫，为什么它会变成僵尸呢？你在郊区玩的时候可能会碰到这种情景，一只螳螂在小溪边试探，然后一点儿一点儿地走到溪水里。过一会儿，从螳螂的屁股里钻出来一条或几条特别长的、像铁丝一样的虫子，扭来扭去的。老人说这种虫子叫铁线虫，如果你的手腕或脚腕被它缠上了，它使劲一勒就能把你的手腕或脚腕勒断。

它确实叫铁线虫，但它并没有那么强的力量，只是一种长得很长的寄生虫而已。铁线虫最先寄生在水里的一些昆虫体内（比如石蛾的幼虫），等到石蛾长成成虫，就会飞出水面。如果石蛾被螳螂抓住吃掉了，那么铁线虫就会进入螳螂的体内，在螳螂的肚子里慢慢长大。被铁线虫寄生的螳螂会失去意识，任铁线虫摆布。

　　铁线虫必须进入水里才能继续产卵，繁衍后代，所以它会驱使螳螂往水里走。螳螂就在铁线虫的控制下，一步一步向水里走去。当铁线虫感觉到螳螂进入水里了，就会从螳螂的身体里钻出来。

铁线虫从螳螂屁股里钻出来

有一次我跟同事去河北野三坡玩，碰到了一只走路很慢的螳螂，我们就想看看它的肚子里有没有铁线虫。于是我用手拿着它，把它的肚子放在一个小河沟里。结果我刚把螳螂放进去，它的屁股处立刻钻出了一条铁线虫。这种现象还是很常见的。

# 我的自然观察笔记

　　小朋友，寄生虫在自然界中广泛存在，也是使人体感染疾病的主要原因之一。你知道哪些能在人体生存的寄生虫呢？请在下方空白处列出来吧！

# 为什么有些虫子长得像树叶？

无奇不有的昆虫世界

在野外我们经常可以遇到这种情况：树叶上落着一只虫子，但是我们第一眼并没有发现，因为它长得太像树叶了。只有当我们惊扰了它，它动起来，我们才能发现它。一只虫子为什么长得和树叶几乎一模一样呢？

在昆虫学上我们称这种现象为拟态。拟态就是指一种生物模拟另一种生物或者模拟环境里的其他物体，从而获得好处的现象。

拟态的定义里有两个关键点：第一点是一种生物模拟另一种生物或物体；第二点就是它一定要从中获得好处。自然界的生物花精力去模拟另一个东西，都是为了获得各种各样的好处。

## 只有成虫才会拟态吗？

昆虫在一生中的各个阶段都有可能拟态。有的卵也能发生拟态，比如竹节虫。竹节虫的样子很像树

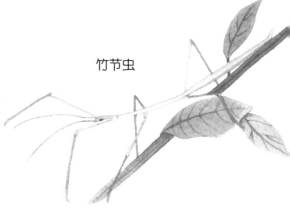

竹节虫

竹节虫卵

枝或者树叶，但是你可能不知道它的卵也会发生拟态。竹节虫卵长得像鸟粪或植物的种子，这样天敌就不吃它们了。这就是卵的拟态。

昆虫的卵变成幼虫之后，拟态现象就更多了，因为幼虫一般比较柔弱，很容易被天敌吃掉。幼虫为了生存，要把自己伪装起来，躲避天敌的追杀。

这方面的例子非常多。比如很多蛾子的幼虫胸部有两个很大的斑点，长得特别像蛇的眼睛。如果有鸟来招惹它们，它们会立刻把自己的胸部鼓起来，这样，整个胸部看上去就变成了瞪着两只眼睛的蛇头。

夹竹桃天蛾幼虫

一些凤蝶的幼虫还会伸出一个像蛇的舌头一样的东西，我们称它为丫状腺。这

无奇不有的昆虫世界

个东西湿乎乎的，还会来回摆动，看起来特别像蛇在吐舌头。这样也可以把鸟吓跑。

　　昆虫化蛹阶段也需要拟态，因为蛹面临的危险更大。幼虫起码还能跑，蛹完全不能动，只能待在原地，所以它必须伪装好。我们知道蚕化蛹之前先要吐丝，结一个白白的或黄黄的茧，然后蚕藏在里边化蛹。茧能起保护作用，因此蚕蛹就没有必要再拟态了。

　　可是蝴蝶不结茧，蛹是暴露在空气中的，谁都可以看到它，所以蝴蝶的蛹就要拟态。在漫长的时间里，蝴蝶进化出了多种多样的拟态方式。大部分蝴蝶的蛹会拟态成一片绿叶或

树叶状的蛹

枯叶。一些蛱蝶的蛹不但能拟态成枯叶，而且上面还有几个金光闪闪的斑点，就像镀了金一样。这样的蛹放到树林里或草丛中，它们身上的斑点像镜子一样，可以映出周围环境的

影像，让蛹看上去就像是一片枯叶，上面有几个被虫子咬穿了的洞，这样模拟枯叶简直是以假乱真。

还有一些斑蝶的蛹就更厉害了，整个蛹光滑得像镜子一样。有的蛹像是银子做的，

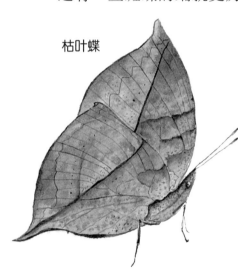

枯叶蝶

有的蛹像是金子做的，闪闪发光。在森林里，这些蛹可以映出周围的景象，让它们可以完美地融入整个环境里，好像穿了一件隐身衣一样。

很多昆虫的成虫也要拟态，比如我们常见的蝗虫、蚂蚱，它们的身体是绿色的，上面还有一些黄色的花纹，看上去很像一片叶子。还有一种蝴蝶——枯叶蝶，它的翅膀合起来的时候像极了枯叶。

## 昆虫的拟态有哪两种类型？

第一种是贝氏拟态。因为最早发现这个现象的科学家叫

贝茨，所以这种拟态以他的姓氏命名。贝氏拟态的特点是昆虫模拟的生物或者物体对于它的天敌来说是不能吃的。比如，枯叶蝶模拟枯叶，对于鸟来说，枯叶是不能吃的。

还有一种蝴蝶——君主斑蝶，每年都要从墨西哥穿过整个美国飞到加拿大，是一种迁徙距离非常长的昆虫。由于君主斑蝶的幼虫吃一种有毒的植物，所以它们的身体有毒，很多鸟都不爱吃。而有另一种蛱蝶——副王蛱蝶本身没有毒，它就拟态成君主斑蝶，长得和君主斑蝶几乎一模一样，这样很多鸟就不吃它了。

在贝氏拟态里，如果鸟先吃了被模拟者，那么鸟就中毒了，下次它看到模拟者时，就不会再吃了。所以贝氏拟态对模拟者是有好处的。

如果鸟先吃了模拟者，而模拟者是没有毒的，鸟吃完了没事，那么下次看到真正有毒的被

君主斑蝶

模拟者，它就还会吃。所以贝氏拟态对被模拟者没有好处，只对模拟者有好处。

第二种拟态是缪氏拟态，最

**副王蛱蝶**

早由科学家缪勒发现。缪氏拟态不管是模拟者还是被模拟者，全都有毒。比如，一种有毒的蝴蝶长得很像另一种有毒的蝴蝶，谁也说不清楚是谁先模拟谁。无论天敌先吃哪一个都会中毒。下次天敌再看见长得像这样的蝴蝶，它就不敢再吃了。所以这种模拟对模拟者和被模拟者都有好处。

## 昆虫拟态被天敌识破了怎么办?

有的时候昆虫的拟态会被天敌识破，为了保护自己，有一些昆虫还想出了第二招。比如大蚕蛾平时把翅膀合起来，后翅藏在前翅下面，前翅长得很像枯叶。如果第一步能够骗过天敌，当然就没事了。如果天敌发现"枯叶"原来是一只蛾子，那就要攻击它，吃掉它。这时候大蚕蛾就会突然把翅膀张开，露出后翅。它的后翅跟前翅截然不同，颜色特别鲜艳，而且后翅上往往还有很大的、像眼睛一样的花纹。大蚕蛾突然张开翅膀，就好像突然出现了两只大眼睛

大蚕蛾

一样。第二招一般能把天敌吓跑，甚至人类去抓它的时候都会被吓一跳。

## 昆虫喜欢模拟什么呢？

昆虫对于模拟谁，也有自己的偏好，以下是很多昆虫都喜欢的模拟对象。第一类是草叶或者枯叶，第二类是石头或者树皮，第三类是马蜂、蜜蜂等各种蜂类。它们为什么模拟

伦敦动物园里的猫头鹰环蝶
（以前人们认为它模仿的是猫头鹰，其实它模仿的
是当地的树蛙或蜥蜴）

蜂类呢？因为被蜂类蜇了之后很疼，很多动物都怕它们。不少蛾子、天牛都会模拟马蜂，甚至飞起来的姿势都很像。

还有一个昆虫喜欢模仿的对象——蚂蚁。你可能会想：蚂蚁有什么可怕的？其实对于小动物来说，蚂蚁是很可怕的，因为蚂蚁是群居动物，如果伤害了一只蚂蚁，它就会招来一群同伴一起反击。被蚂蚁叮咬很疼，所以很多小动物都不喜欢蚂蚁。于是，很多昆虫纷纷模拟蚂蚁来保护自己。

# 我的自然观察笔记

　　小朋友，你知道"作茧自缚"这个成语吗？本义是说蚕吐丝作茧将自己裹在里面，用来比喻人自作自受。但其实蚕"作茧自缚"是为了保护自己，是一种很聪明的做法。请找来蚕茧仔细观察，看看它的形状、颜色，伸手摸一摸感受它的触感。

　　观察完毕后，请在下方空白处将蚕茧画出来吧！

# 毛毛虫为什么会排队？

无奇不有的昆虫世界

　　我上小学时听到过一个奇闻，有一篇新闻报道：神农架发现了一种"千脚蛇"。这种蛇有很多脚，如果你用小棍去扒它，它就会散开，变成好多小虫子；过一会儿，这些小虫子又会聚拢起来，变成一条蛇，继续往前爬。当时我觉得难以置信，后来等我长大了，有了生物学知识才知道：原来世界上真的有类似的生物存在。

## "千脚蛇"有可能是什么动物呢?

　　这种"千脚蛇"有可能是某些眼蕈（xùn）蚊的幼虫。眼蕈蚊是类似蚊子的小虫子，它的幼虫是黏糊糊的肉虫子，大小跟绿豆差不多。许多幼虫会聚在一起，你贴着我，我贴着你，组成一个10厘米长的东西，乍一看像一只大蛞蝓（kuò yú），也就是鼻涕虫。细看的话，这个虫子队伍全是小虫子组成的，大家一起往前蠕动，看上去很可怕。这其实是它们自我保护的手段，这样天敌就不敢吃它们了。但是这个虫子组合体很短，也没有脚，叫它"千脚蛇"有点儿牵强。

"千脚蛇"还有可能是一些蛾子的幼虫，也就是排队的毛毛虫。有一些毛毛虫在活动的时候会排队，一只排在另一只的后面，形成一条长长的、像蛇一样的队伍。你用小棍子扒一下，它们就会暂时散开，过一会儿它们又会聚拢在一起。这样的毛毛虫队伍比较符合"千脚蛇"的样子。

　　其实这种现象早在一百多年前就被人发现和记载过。法国的昆虫学家法布尔写过一本《昆虫记》，这本书中介绍了他对一种会排队的毛毛虫的观察和实验。

　　这种毛毛虫是松异舟蛾的幼虫。名字里有"松"字是因为这种虫子吃松树的松针。它们平时会聚在一起，找一根松树枝，一起吐丝，筑成一个大大的窝。然后就一直待在窝里不出去，吃窝里的松针，等到它们长大了，窝里的松针吃完了，才会去外面找松针吃。

　　它们会排着队出去，走很远的路，找另一根好的树枝吃松针。排在队伍第一名的毛毛虫，我们就叫它"队长"。这个队长不是大家投票评选产生的，而是谁正好排在第一个，谁就当队长，负责探路。后面所有的毛毛虫都跟着队长走，

排队的毛毛虫

队长带它们去哪儿，它们就去哪儿。如果你拿走第一只"队长"毛毛虫，那么第二只毛毛虫会立刻接替队长的位置。

## 毛毛虫靠什么排队呢？

　　你可能不知道，毛毛虫的视力非常差，它的眼睛几乎只能辨别光线的强弱，看不到什么影像，所以它肯定不是靠视力排队的。法布尔发现，它们一边爬，一边吐丝，丝在地上

就会越粘越多，所以毛毛虫爬过的地方都有一条丝带。

　　法布尔认为它们应该是顺着这条丝带与前面的毛毛虫保持联系的。不过，这是一百多年前的观点了。现在的科学家经过研究发现，毛毛虫并不是靠吐丝认路的。因为除了这种排队的毛毛虫，很多不排队的毛毛虫也会一边爬一边吐丝，这只是它们的一个习惯而已，这样可以防滑。

　　科学家还做了实验：在毛毛虫排队爬的时候，把一个薄刀片放在路中间，后面的毛毛虫仍然会越过这个刀片，继续跟着前面的毛毛虫走，因此并不是没有丝了，毛毛虫就不知道该往哪儿爬了。这说明毛毛虫并不是靠吐丝认路的。那它们到底是靠什么来分辨的呢？它们是靠分泌一种追踪信息素认路的。每一只毛毛虫都会散发这种物质，后面的毛毛虫跟着前面毛毛虫散发的信息素走，而且它们会选择信息素最多、最浓的方向走。

　　不过，信息素不是它们排队的全部依据。信息素主要对"队长"有用，因为队长前面什么都没有，它只能闻之前其他的毛毛虫走过的路，看看有没有这个味道，所以对它来说信息素是比较有用的。后面的毛毛虫主要依靠触觉。

毛毛虫身上有很多毛，前面一只毛毛虫的毛戳到后面一只毛毛虫的脸上，后面这只就能感觉到，然后一直追着这种刺痒的感觉往前走；一旦没有这个感觉了，它就慌了。

科学家做过这样的实验：把一条死毛毛虫的皮套在小木棍上，这种死皮是不会散发信息素的。然后科学家拿着木棍去逗另一只毛毛虫，发现仅仅用毛毛虫的毛，就可以引诱一只活的毛毛虫跟着走。这说明毛毛虫的触觉很重要。

法布尔的《昆虫记》里还记载了一个特别著名的实验。关于这个实验的节选文章曾入选过中国小学语文课本。实验是这样的：法布尔引着排队的毛毛虫爬上一个圆花盆，然后把多余的毛毛虫撤掉，让毛毛虫的队首正好碰上队尾，结果毛毛虫就开始在花盆边上绕着圈儿走。

你猜结果如何？这些毛毛虫就一直这样绕圈，最后它们总共在花盆上转了 7 天，一共绕了 335 圈！直到一只饿晕的毛毛虫偶然地爬下了花盆，所有的毛毛虫才得救。这说明：毛毛虫是完全依赖着对前一只毛毛虫的感觉和信赖去爬行的。

## 为什么有些毛毛虫喜欢排队？

人们发现松异舟蛾的幼虫长大后准备出去觅食的时候，正好当地已经快到冬天了，很冷。如果它们当天吃完松针，不能及时回到它们的大窝里，就可能被冻死。所以它们会排着队出发，排着队回家，这样可以保证大家都能及时回家。

中国也有类似的毛毛虫排队现象，但不是松异舟蛾的幼虫，而是几种刺蛾的幼虫，刺蛾就是民间俗称的"洋辣子"。洋辣子的幼虫种类很多，有几种会排队。它们排队不是怕被冻死，而可能是因为一只毛毛虫单独活动可能会被鸟吃掉，但是如果组成一队的话，看上去就是一个很大的生物，鸟看到这么大的生物会害怕，就不敢过去吃了。

其他很多小动物也常常聚在一起生活。海里的沙丁鱼就是成群活动。动物成群活动，一定程度上是为了保护自己。

# 我的自然观察笔记

动物集体行动往往是为了保护自己，除了毛毛虫，你还知道哪些动物喜欢集体行动呢？请在下方空白处列举出来吧！

竟然有会飞的蚂蚁？

无奇不有的昆虫世界

我们平常看到的蚂蚁是没有翅膀的，但是偶尔我们也能看到会飞的蚂蚁，人们叫它们飞蚂蚁。为什么这些蚂蚁会飞呢？其实这里边隐藏着一个关于蚂蚁起源的秘密。

## 飞蚂蚁跟普通的蚂蚁有什么区别？

第一，飞蚂蚁比一般的蚂蚁个头儿大。因为种类不一样，飞蚂蚁也有大有小，但是同一种蚂蚁里，会飞的蚂蚁总是比那些不会飞的蚂蚁个头儿大。

第二，飞蚂蚁长有两对翅膀，而且会飞。

飞蚂蚁在什么时候出来活动呢？一般是在夏天温暖潮湿的傍晚。这个时候大量的飞蚂蚁从蚂蚁洞里爬出来，飞到空中去交配。它们交配结束后就落到地面，一到地面上，就很快用脚把自己的翅膀蹭下来，原来它们的翅膀其实和身体衔接得很不牢固。然后，它们会慢慢爬走，不知道要爬到哪里。

这些飞蚂蚁在昆虫学里叫繁殖蚁，它们承担着繁殖后代的任务。它们交配之后，公的飞蚂蚁很快就会死掉，母的飞

飞蚂蚁

蚂蚁会自己挖一个洞在里边开始产卵。

母蚂蚁产出来的卵是工蚁，它们都是母蚂蚁的孩子。母蚂蚁越生越多，越生越多，新的蚂蚁王国就建成了，会飞的母蚂蚁就是未来的蚁后。蚂蚁窝里是没有蚁王的，因为公蚂蚁交配之后很快就死掉了。

你仔细观察那些会飞的蚂蚁，它们长得像不像某一类昆虫？是不是像黑色的马蜂？如果在它们身体上加一点儿黄色的条纹，那它们就是马蜂的样子，因为蚂蚁的祖先就是蜂。白垩纪时期，有一类蜂不是在树上做窝，而是在地下做穴。本来都是飞出去觅食，后来这些蜂觉得在地上爬来爬去地找食物也不错，就慢慢地放弃了飞行的能力。所以大部分的成员慢慢地不长翅膀了，变成了现在我们看到的蚂蚁。但是它们的翅膀没有完全消失，负责繁殖的雄蚁和未来的蚁后，还保留着翅膀，可以飞。因为繁殖蚁们要出去找交配对象，飞

无奇不有的昆虫世界

起来找会更快。从飞蚂蚁身上，我们能看出蚂蚁祖先的样子。

蚂蚁还有一个特点能体现它们的祖先是蜂。一些种类的蚂蚁屁股上还保留着蜇针，它们和马蜂、蜜蜂一样能蜇人。平时它们的蜇针缩在屁股里边，一旦你抓住它们，它们的蜇针就会伸出来蜇你。有些蚂蚁蜇人还相当疼。

另一方面，也不是每一种蜂都有翅膀，有一些蜂是没有翅膀的，比如蚁蜂家族。虽然它们是蜂，但是长得很像蚂蚁，所以叫蚁蜂。它们没有翅膀，只在地上活动，看上去像大号的蚂蚁。

蚁蜂

蜂和蚂蚁怎么区分呢？我们就看它们身体的一个部位，就是它们的腰部。大多数蜂都是细腰。我们形容谁的腰很细，常用"蜂腰"来形容。蚂蚁也有腰，但是蚂蚁的腰部比蜂多

出来一个或者两个小疙瘩，
这种疙瘩我们叫结节，是
蚂蚁腹部前端发生特殊变
化以后形成的。蜂则没有
这种疙瘩。我们通过这个

蚂蚁的腰间有一个"疙瘩"

就可以分辨：腰部有疙瘩的是蚂蚁，没有疙瘩的就是蜂。

　　现今世界上还残存着几种非常原始的蚂蚁，它们跟几千万年前化石和琥珀里的蚂蚁祖先几乎一模一样。澳大利亚有一种大眼响蚁，这种蚂蚁是黄色的。大眼响蚁非常原始，它跟恐龙时代的蚂蚁长得几乎一模一样，甚至被科学家称为恐龙蚂蚁。大眼响蚁有什么特点呢？一个特点是它的视力很发达，现在的蚂蚁因为长时间在地下生活，视力一般都不发达。但是大眼响蚁保留着蜂类的特点，所以它的视力比较发达。从外形上我们也能看出，大眼响蚁的复眼很大。大眼响蚁还有一个特点就是不会列队行动。普通的蚂蚁会排着队行动，但是大眼响蚁出窝后就单独找猎物，这个特征也很原始。

与大眼响蚁有亲戚关系的其他蚂蚁早已变成了化石，只有大眼响蚁存活至今，它就是活化石。

说到飞蚂蚁，我又会想到另外一种景象，有的南方小朋友也许见过：夏天下完大雨之后，路灯下会聚集成群的大飞虫，两对翅膀很大很长，而且形状几乎一样，它们在灯底下飞来飞去，落在地上后，翅膀就脱落了。

这些飞虫看上去也很像蚂蚁，但是它们比蚂蚁大很多，肚子胖胖的，没有细腰，也没有结节，两对大翅膀看上去非常累赘，不像飞蚂蚁的翅膀那样小巧。这种飞虫其实是白蚁的繁殖蚁。

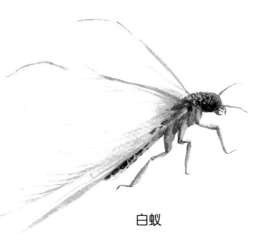

白蚁

白蚁也有繁殖蚁。到了繁殖季节，它们也会从窝里飞到空中去交配，跟蚂蚁的习性差不多，但是它们的外形和蚂蚁差别很大。白蚁最大的特点是没有细腰，它是水桶腰，腿也很短。

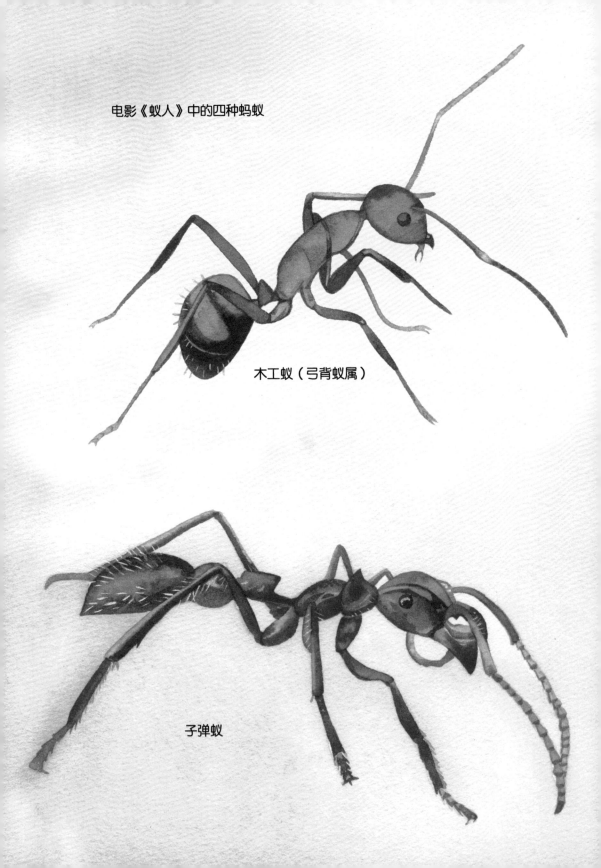

电影《蚁人》中的四种蚂蚁

木工蚁（弓背蚁属）

子弹蚁

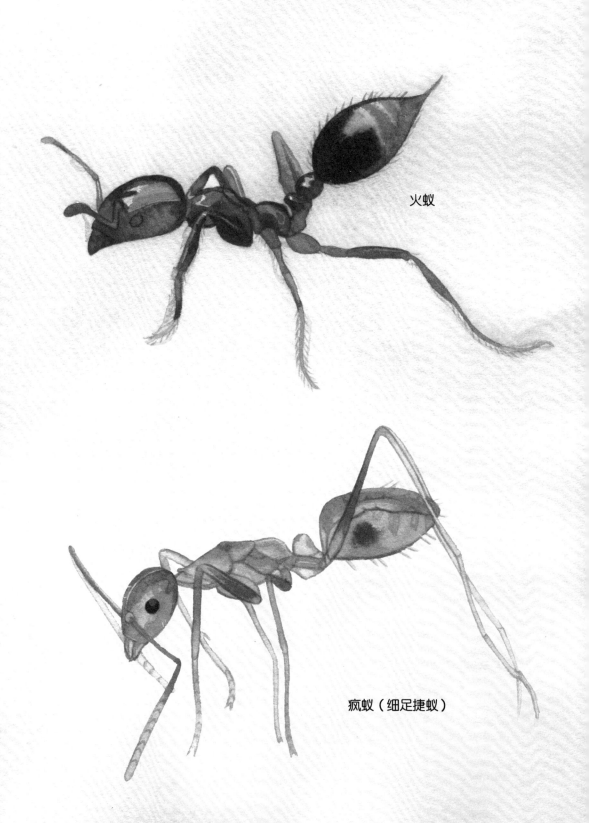

火蚁

疯蚁（细足捷蚁）

别看白蚁名字里有一个"蚁"字，实际上它跟蚂蚁一点儿关系都没有。白蚁以前属于昆虫纲下面的等翅目，因为人们觉得它的前翅跟后翅长度相等，形状差不多。现在等翅目已经被合并到蜚蠊目里了，蜚蠊就是蟑螂。所以现在白蚁和蟑螂属于一个类群了。你想想，蟑螂跟蚂蚁的关系相当远，所以白蚁跟蚂蚁除了都属于昆虫，它们之间没有一点儿关系。

# 我的自然观察笔记

蚂蚁是一种非常团结的昆虫，常常成群结队地外出觅食。小朋友，如果你看到蚂蚁找食物，请蹲下来仔细观察，看看它们是怎么将食物运回巢穴的。

观察完毕后，请在下方空白处将蚂蚁觅食的场景画出来吧！

家里叫不上名字的虫子是什么呢？

无奇不有的昆虫世界

我给大家介绍了很多动植物，是希望大家能用心地观察大自然，到大自然中多走走。不过也有小朋友喜欢待在家里，这样他们是不是就跟大自然没有关系了？也不是。其实我们的家也是大自然的一部分。

　　你家是不是会买很多蔬菜、水果、粮食呢？这些东西都是植物，它们生长在大自然里，只不过果实或种子被我们搬到家里储存，就像蚂蚁把植物种子搬到窝里一样。所以我们的家里不只有人，还有很多的生物。

　　在其他动物的眼中，我们的家是什么呢？我们的楼房在动物眼中就像一座座形状很怪的大山，里边有一个个的山洞，每个山洞都住着人。所以我们住的房子，在自然里也不是不可理解的东西，很多小动物甚至看中了你家的环境，感觉住着还不错，于是就在你住的山洞里定居了。这里面以各种虫子居多。

　　下面为大家介绍家里最常见的几种虫子。

　　第一种是卫生间里最常见的一种小飞虫，黑色的，有一对小翅膀，经常落在卫生间的墙上。它的反应比较迟缓，你用手慢慢地去抓它，它也不知道逃命。但是它飞起来的时候很灵活，就算你打开淋浴喷头去喷它，也很难把它喷下来，它可以在水流之间灵活穿梭。

这种小飞虫全身是黑色的，两个翅膀上有一些小黑毛和一些特别小的白毛。整个虫子的形状有点儿像蛾子，又有点儿像苍蝇。其实它是苍蝇的亲戚——蛾蠓（é měng）。

蛾蠓

蛾蠓只有一对翅膀，属于双翅目。双翅目的成员还有苍蝇、蚊子、牛虻等昆虫，所以蛾蠓跟苍蝇、蚊子是亲戚。

蛾蠓的幼虫生活在卫生间的地漏和下水口处。这些地方会积攒污垢，形成淤泥，蛾蠓的幼虫就吃这些东西，直到变成成虫，也就是长翅膀的小飞虫，再飞出来。它不会咬人，对人没有危害。如果你家里偶尔有一两只蛾蠓，那不用管它；但是如果出现了很多只的话，就说明你家的地漏或者下水道下水口该清理了。你可以用开水浇一浇下水口，把蛾蠓幼虫杀死，另外把脏东西清除干净，这样蛾蠓就没有了。

如果你家里养花的话，经常会看到一些小黑虫在花盆里飞。这些小黑虫身材比较纤细，有一点儿像蚊子，但是没有像蚊子一样的尖嘴，个头儿比蚊子小很多。种花的人称呼它为"小黑飞"，正式名称叫蕈蚊。蕈蚊的种类很多，有的吃植物的根和叶片，有的吃菌类的菌丝，还有的吃果实体。花盆里的蕈蚊通常对花没有危害，一般是因为花盆过于潮湿才出现的。如果你不想看到它们，可以喷点儿杀虫剂治一治，如果觉得无所谓，不用管也可以。

家里常见的昆虫还有蟑螂。大家都说北方的蟑螂个头儿小，南方的蟑螂个头儿大，这是因为北方的蟑螂和南方的蟑螂种类不一样。北方室内的

蟑螂

蟑螂一般是德国小蠊，虽然叫德国小蠊，但它不是来自德国的，而是来自东南亚的一种蟑螂。

德国小蠊喜欢待在室内，还比较怕冷，北方冬天有暖气，所以它在北方扎了根。南方就很少见到它。

南方的大蟑螂大部分是黑胸大蠊，这种蟑螂全身漆黑，个头儿大，还会飞。另外，美洲大蠊和澳洲大蠊在南方也比较多见，但它们也并不是来自美洲和澳大利亚，它们原产于非洲。这三种大蟑螂并不像德国小蠊那样喜欢待在室内，它们一般待在墙外边或者花园里，偶尔会进到室内。

下面再说一种虫子——蚰蜒（yóu yán）。蚰蜒是蜈蚣的

亲戚，长得跟蜈蚣很像，腿很多，但是它的腿比蜈蚣的腿长。它爬行的样子还有点儿吓人。不过古人很喜欢它，叫它"钱串子"，因为古人觉得它长得特别像铜钱串，是一种吉祥的象征。

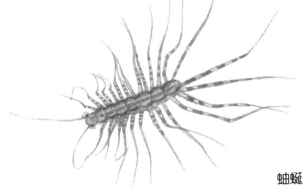

**蚰蜒**

蚰蜒对我们确实有好处，因为它会捉蟑螂之类的害虫吃。而且蚰蜒虽然有毒牙，但它不会主动攻击人，你只要不把它捏在手里，它就不会咬你。我念中学的时候，晚上睡在宿舍的床上，感觉有东西爬到了手上，一看，是只大蚰蜒！我没有伤害它，它也没有咬我。

蚰蜒在野外生活在哪里呢？它生活在山洞里。我去山洞的时候，打开手电筒往洞壁上一照，经常能看到很多大蚰蜒趴在上面。蚰蜒把人类的家认成了大山洞，所以就搬进了人类家里。

最后为大家介绍一下厨房里经常出现的三种昆虫。

第一种小虫叫印度谷螟，是一种螟蛾。

有时候，厨房的墙上会趴着一种小蛾子，它的大小和形状与瓜子仁儿差不多，身上有一些红色、白色的花纹，飞起来很慢。

印度谷螟的幼虫和成虫

看到它，你得赶快检查一下家里装大米的袋子，看看有没有米粒被丝连在一起。如果有，你把粘在一起的米扒开，就会看到里边有印度谷螟的幼虫。你需要赶紧把它处理掉。平时我们把装粮食的口袋用封口夹封好，不让印度谷螟进去产卵，就可以预防它了。

　　第二种小虫叫米象。有时候大米里会有一些小黑甲虫，跟米粒儿差不多大。你把它放在手里观察一下，会发现这个甲虫的脑袋上长着一个长鼻子，像大象一样，所以我们叫它米象。这个鼻子其实是它伸长的头部，顶端是嘴。成虫把卵产在米里，幼虫藏在这粒米里成长，把这一粒米吃空，最后变成一只成虫。幼虫靠一粒米就能长大。可是如果

米象

很多米象一起钻到米袋子里繁殖，那你家里的米就要遭殃了。

　　第三种小虫叫豆象。虽然它叫豆象，但是它并没有像大象那样的长鼻子。它的脑袋很小，长有两根不长不短的触角，

豆象

后背基本上是方形的，上面有一些花纹。装豆子的袋子里会有豆象，它的幼虫以干豆子为食。

这些虫子在我们生活中很常见，可是一般人不知道它们的名字。当你看到它们的时候，会意识到其实我们时时刻刻都跟大自然在一起，人类并不是独立于自然之外的。

# 我的自然观察笔记

　　小朋友，可以留心家里的角落、花盆、米橱等不起眼的地方，看看能不能发现书中提到的虫子。如果有的话，就跟家人一起想办法将它们请出家门吧！

　　结束后，请在下方空白处将这次经历简单记录一下吧！

----

----

----

----

----

----

----

----

----

----

----

----

----

# 冬虫夏草是虫子还是草？

无奇不有的昆虫世界

## 冬虫夏草到底是怎样形成的呢？

它本来是蝙蝠蛾的幼虫，像蚯蚓一样在地下生活。土里有一种真菌——虫草菌，它会释放一种孢子，这个孢子类似于植物的种子，非常微小，像灰尘一样，落在地表，通过雨水渗透到地下。孢子遇到蝙蝠蛾的毛毛虫之后，就开始感染它们。

蝙蝠蛾的毛毛虫被感染之后，虫草菌的菌丝开始在毛毛虫体内生长，成熟之后会长出一个子实体，这是繁衍后代用的。子实体里布满了孢子，孢子被散播到空气中后，会随风飘散，再随着水渗到土壤里，这样就可以感染更多的毛毛虫。

这个时候毛毛虫还在地下，虫草菌的子实体怎样才能伸出地面，暴露在空气里呢？原来虫草菌会控制蝙蝠蛾的幼虫，让它像机器人一样听指挥（也就是我们前面说的"僵尸"）；蝙蝠蛾的幼虫会自动爬到距离地表两三厘米的地方，但不爬出地面，并且保持头朝上尾朝下。

这时，被感染的毛毛虫就快死了。在毛毛虫死去的同时，身体里的菌丝会立刻行动，长出一根像小草棍一样的子实体，伸出地面。这样一来，虫草菌就可以在空气中释放孢子，传播下一代了。冬虫夏草就是这么来的，它是真菌寄生昆虫形成的。

青藏高原有不少冬虫夏草，每年五六月份的时候，很多人都会去山坡上挖冬虫夏草，高原上这时候积雪刚刚融化，还是春天，而我国大多数地区已经是初夏了。因为蝙蝠蛾幼虫冬天钻入土内，夏季长出小草棍伸出地面，所以我们叫它"冬虫夏草"，简称"虫草"。虫草的小草棍被挖虫草的人看见之后，就把它连着下边的虫子一起挖出来，然后卖给药材商。他们挖虫草时需要连周围的草皮一起挖起来，很多脆弱的高原植被也因此受到了破坏。

## 冬虫夏草的药效很神奇吗？

你可能听说过，冬虫夏草是一种非常名贵的药材，但它其实并没有宣传得那么神奇。直到清代乾隆年间，冬虫夏草才被医书首次记载，在这之前，人们都没有意识到它能治病，

地下的毛毛虫死去的同时，身体里的菌丝会长出一根像小草棍一样的子实体，并伸出地面。

著名的《本草纲目》里也没有冬虫夏草这一味药材。而且最早的记载中也只提到了它有保肺、益肾、止血和化痰的作用，这都是一般的功效，一点儿也不神奇。

后来，人们加在它身上的神奇疗效越来越多，比如说它能防止肾衰竭，能降血压、血脂，能改善人体的微循环，几乎包治百病。如果有一种药号称能治百病，你一定要打个问号，这很可能是虚假宣传。

## 冬虫夏草里有什么成分？

科学家对冬虫夏草进行了各种各样的分析后发现：冬虫夏草里有两种成分，一种是虫草酸，一种是虫草素。

虫草酸还有一个名字叫"甘露醇"。西医经常把它作为注射剂，因为它可以利尿，还能治疗脑水肿和青光眼。不过一定要用针管把它注射到血液里才有用，直接服用人体很难吸收。那么是不是多吃点儿就能起作用呢？人吃多了虫草酸会拉肚子。另外，虫草酸有甜味儿，经常被加到甜点里，有的甜点的包装上也会注明，甜点里加了虫草酸，吃太多会拉肚子。虫草酸其实是一种非常常见的东西，早就被人提纯了，并不用花大价钱买冬虫夏草才能获得。人们平时不是从冬虫夏草里提取虫草酸的，而是从海带或蔗糖里提取。我们吃的柿饼表面有一层白霜，这里面就含有很多的虫草酸。所以我们完全没有必要靠冬虫夏草补充虫草酸。

虫草素最早是一个德国人从另一种虫草菌里提炼出来的。虫草菌不是只有一种，还有很多别的种类。德国人提取出虫草素的虫草菌叫蛹虫草，这种虫草不是由蛾子的幼虫感染而来，而是由蛾子的蛹感染而成的，所以叫蛹虫草。

蛹虫草里含有很多虫草素。不过虫草素是否有治疗效果还没有定论，到今天政府也没有批准它作为药物使用。所以，我们不能随便吃虫草素。

## 冬虫夏草能不能随便吃呢？

有人会说，虫草素和虫草酸不能随便吃，那我不用冬虫夏草治病，只在炖肉的时候放两根，平时用它泡水喝，就算没有疗效，至少也没有害处吧？

这个我要提醒你了：很可能是有害处的。国家食品药品监管部门在2016年曾经发布过一个提示：市面上的冬虫夏草、冬虫夏草粉及纯粉片等商品，经检测，成分里每千克含有4.4～9.9毫克的砷。砷是一种剧毒物质，我们说的砒霜（也就是三氧化二砷）里就含有砷。

保健食品国家安全标准规定：食品里的砷含量每千克中不能超过1毫克。而冬虫夏草已经达到了每千克4.4～9.9毫克，严重超标。所以长期食用冬虫夏草、冬虫夏草粉或纯粉片，有可能造成砷的过量摄入，并且砷可能在人体内积累，对人体的健康产生不良影响。而且，相关部门也发布过通知：严禁以冬虫夏草为原料生产普通食品。

这些说明什么呢？如果你去看中医，医生开的药里有冬虫夏草，为了治病，吃几次没关系。但如果你买了一大盒冬虫夏草，没事就吃两根，用它炖肉、泡水，长期服用可能会

冬虫夏草

让有害物质在你身体内聚积，那就很危险了。另外，因为冬虫夏草是按重量卖的，有一些商贩为了让冬虫夏草更重一些，多卖一些钱，会在冬虫夏草里加入一些铅、汞等重金属元素。而铅和汞对人体是有害的。如果你家买到这种掺了假的冬虫夏草，吃了它们对身体更是会有害处。

所以你要记住：一定不要把冬虫夏草视为随便吃也不会有害处的保健品。如果你的家人买来炖肉，你可一定要赶紧提醒他们。

我们在菜市场还经常看到卖虫草花的，它是橘红色的，像一根小草棍一样，只不过它并没有连着虫体。虫草花就是我前面提到的蛹虫草，它虽然不是人们常说的那种冬虫夏草，但成分跟冬虫夏草相当接近，而且含有较多的虫草素。虫草

虫草花

花是人们用人工方法培育出来的，所以不用虫子就能直接长出来。

虫草花基本上就相当于一种人工养殖的蘑菇。它跟蘑菇的培育方法差不多，因此价格便宜，并且，目前还没有发现虫草花中砷的含量超标，所以大家日常炖汤放几根虫草花还是相对安全的。不过在科学最终验证之前，我们最好也别把它当成补品食用。

# 我的自然观察笔记

小朋友，很多昆虫都有药用价值。请在下方空白处列举出你知道的 5 种能够当药材用的昆虫吧！

春天是万物复苏的季节，许多昆虫都开始活动了。跟小伙伴一起走出家门，看看是哪些昆虫率先感受到了春天的气息吧！

# 昆虫调查表

调查人：

调查时间：　　　　　　　　天气：

调查地点：

| 昆虫名称 | 数量 | 特征 | 生活环境 |
|---|---|---|---|
|  |  |  |  |
|  |  |  |  |
|  |  |  |  |

夏天是热闹的，虫鸣鸟叫，萦绕耳畔。走出家门，去看看有哪些昆虫参与了夏天的"合奏"吧！

# 昆虫调查表

调查人：

调查时间：　　　　　　　　天气：

调查地点：

| 昆虫名称 | 数量 | 特征 | 生活环境 |
|---|---|---|---|
|  |  |  |  |
|  |  |  |  |
|  |  |  |  |

有一些昆虫在秋天特别活跃，跟小伙伴一起走出家门，看看都有哪些昆虫吧！

# 昆虫调查表

调查人：

调查时间： 天气：

调查地点：

| 昆虫名称 | 数量 | 特征 | 生活环境 |
|---|---|---|---|
|  |  |  |  |
|  |  |  |  |
|  |  |  |  |

昆虫的过冬方式别具特色，有的以成虫形态过冬，有的以幼虫形态过冬，还有的以卵或蛹的形态过冬。你能发现它们吗?

# 昆虫调查表

调查人：

调查时间：　　　　　　天气：

调查地点：

| 昆虫名称 | 数量 | 特征 | 生活环境 |
|---|---|---|---|
|  |  |  |  |
|  |  |  |  |
|  |  |  |  |

图书在版编目（CIP）数据

小亮老师的博物课.无奇不有的昆虫世界/张辰亮
著；暮晓玲珑等绘.— 成都：天地出版社，2021.3
ISBN 978-7-5455-6169-2

Ⅰ.①小… Ⅱ.①张… ②暮… Ⅲ.①博物学 – 儿童
读物②昆虫 – 儿童读物 Ⅳ.① N91-49 ② Q96-49

中国版本图书馆 CIP 数据核字 (2020) 第 246490 号

XIAOLIANG LAOSHI DE BOWU KE:WUQIBUYOU DE KUNCHONG SHIJIE

小亮老师的博物课：无奇不有的昆虫世界

出 品 人　陈小雨　杨　政
作　　者　张辰亮
责任编辑　赵　琳　张芳芳
美术编辑　彭小朵　李今妍
封面设计　彭小朵
责任印制　董建臣

出版发行　天地出版社
　　　　　（成都市锦江区三色路238号　邮政编码：610023）
　　　　　（北京市方庄芳群园3区3号　邮政编码：100078）
网　　址　http://www.tiandiph.com
电子邮箱　tianditg@163.com
经　　销　新华文轩出版传媒股份有限公司

印　　刷　北京博海升彩色印刷有限公司
版　　次　2021 年 3 月第 1 版
印　　次　2022 年 6 月第 17 次印刷
开　　本　710mm×1000mm  1/16
印　　张　7
字　　数　48 千字
定　　价　39.80 元
书　　号　ISBN 978-7-5455-6169-2

**"博物达人"张辰亮带你一起通晓自然万物！**

《小亮老师的博物课》配套音频，
喜马拉雅热播课程，扫码马上听！